Bibliografische Information der Deutschen Nationalbibliothek:

Die Deutsche Bibliothek verzeichnet diese Publikation in der Deutschen National-
bibliografie; detaillierte bibliografische Daten sind im Internet über http://dnb.d-
nb.de/ abrufbar.

Impressum:

Copyright © 2007 GRIN Verlag, Open Publishing GmbH
Druck und Bindung: Books on Demand GmbH, Norderstedt Germany
ISBN: 9783640635399

Florian Schwarze

"Nutzen und Bedeutung von Kräutern" als Thema einer Unterrichtsstunde in der Klassenstufe 4

GRIN Verlag

Universität Koblenz/ Landau

Abteilung Landau

Basiskurs

Teilnehmer:

Wintersemester 2006/2007

Unterrichtsplanung

Sachunterricht, 4a Klasse

Thema: Nutzen und Bedeutung von Kräutern

Inhaltsverzeichnis

1. Sachanalyse

„Gegen jede Krankheit ist ein Kraut gewachsen!", dies ist der berühmte Satz von Sebastian Kneipp, der in der Zeit von 1821-1897 gelebt hat (Briemle, Gottfried: Farbatlas Kräuter und Gräser in Feld und Wald, Stuttgart 1997, 1. Aufl., 15).

1.1 Der Begriff Kraut

Das Kraut kommt von althochdeutsch krut: nutzbares Gewächs. Darunter wurde ursprünglich die nützliche Pflanze im Gegensatz zum Unkraut verstanden. In der Pharmazie ist das Kraut (Herba) der unspezifische Teil einer Heilpflanze. In der Landwirtschaft ist Kraut der nicht verwertbare Grünanteil bestimmter Pflanzen, z.B. das Kraut der Rüben (http://de.wikipedia.org/wiki/Kraut, 14.12.2006, 20.40 Uhr).

Unter Kraut, Mehrzahl Kräuter, fallen Küchenkräuter, Heilkräuter und Wildkräuter. Im Einzelnen:
- Küchenkräuter sind zum Verzehr geeignete Kräuter, z. B. Petersilie, Schnittlauch, Basilikum,
- Heilkräuter sind als Arznei geeignete Pflanzen, z.B. Kamille, Arnika, Pfefferminze
- Wildkräuter sind nicht kultivierte krautige Pflanzen, z.B. Brenn-Nessel, Kornblume (Ebd.).

Manche heilkräftige Pflanzen sind mit Vorsicht zu behandeln, da sie giftig sein können, z.B. die Tollkirsche, Schöllkraut, Gefleckter Schierling, Bilsenkraut, Blauer Eisenhut und Raute (Ody, Penelope, Kräuter-Hausapotheke, Rheda-Wiedenbrück 1996, 1. Aufl., 135).

1.2 Mögliche Zubereitungsformen

Kräuter können wie folgt verarbeitet werden:
-- im Essen
- zu Teemischungen
- als Salatkräuter
- zu Sirup
- zu einer Tinktur, d.h. zu einem alkoholischen Auszug
- zu Kräuterwein

- in Pulverform, z.B. in Kapseln abgefüllt
- zu Zäpfchen
- für Umschläge
- zu heiss ausgezogenes Öl
- zu kalt ausgezogenes Öl
- zu Massageöl
- zu Salben, Cremes, Lotionen und Emulsionen
- für Dampfinhalationen
- für Augenbäder, Bäder und Fußbäder
- für Mundwasser (Ebd., 5).

1.3 Häufige, mit Kräutern zu behandelnde Beschwerden

Folgende häufige Beschwerden können mit Kräutern behandelt werden:

Husten und Erkältungen, Hals, Nasen & Ohrenbeschwerden, Augenleiden, Probleme bei Haut und Haaren, Allergien, Verdauungsprobleme, Kreislaufprobleme, Kopfschmerzen, Migräne und Neuralgien, Stress, Anspannung und Angst, Depressionen, Schlafstörungen, Rücken-schmerzen, Rheumatismus, Krämpfe, Gicht, Prämenstruelles Syndrom, Wechseljahre, Beschwerden bei der Schwangerschaft wie morgendliche Übelkeit, Flüssigkeitsstau, Stillprobleme und Beschwerden von Babys (Ebd.).

Spezielle mit Kräutern behandelbare Probleme von Kindern sind:

Hyperaktivität, Bettnässen, Madenwürmer, Krupphusten, Mumps, Windpocken, Masern und Keuchhusten (Ebd., 128 ff).

1.4 Einzelne Kräuter und ihr Anwendungsgebiet:

- Petersilie: Die Petersilie entzieht dem Boden Mineralstoffe und Vitamine und konzentriert sie in ihren Blättern. Deshalb ist die Petersilie ein gesunder Bestandteil einer Mahlzeit. Verwendet werden die Blätter. Anwendungsgebiet sind aufgrund der harntreibenden Wirkung viele Beschwerden des Harntrakts sowie Flüssigkeitsstau im Gewebe. Der hohe Mineralstoffgehalt hilft, Eisenmangel zu vermeiden. Bei stillenden Müttern regt er den Milchfluss an (Ebd., 42).

- Zitronenmelisse: Verwendet werden die Blätter und das ätherische Öl. Anwendungsgebiet sind –innerlich angewendet- Verdauungsstörungen und Nervenprobleme. Das ätherische Öl kann Salben für Verletzungen und Insektenbissen zugesetzt werden; der ausgeprägte Zitronenduft der Einreibung hält Stechmücken fern (Ebd., 41).

- Australischer Teebaum: Verwendet wird das ätherische Öl. Anwendungsgebiete sind wegen der antiseptischen Wirkung Hautinfektionen wie Akne und Soor. Das Öl kann bei Erkältungen zum Einreiben der Brust oder zum Inhalieren verwendet werden. Bei Kopfläusen oder Nissen empfiehlt sich eine Haarspülung (Ebd., 40).

- Lavendel: Verwendet werden frische Blüten und das ätherische Öl. Lavendel dient der Beruhigung und der Entspannung des Verdauungstraktes. Es kann bei Migräne und Kopfschmerzen sowohl innerlich als auch äußerlich angewendet werden (Ebd., 39).

- Kamille: Verwendet werden die Blüten oder ätherisches Öl. Anwendungsgebiet sind Schnupfen, Koliken und Schmerzen beim Zahnen sowie wegen der beruhigenden Wirkung auch Schlafstörungen und Hautprobleme (Ebd., 40).

- Arnika: Wächst auf torfigen Wiesen in den Alpen. Verwendet werden die Blüten. Anwendungsgebiete sind Verletzungen und Prellungen. Innerliche Anwendung nur in homöopathischen Dosen, da sie sonst das Herz gefährdet (Ebd., 32).

- Löwenzahn: Von Gärtnern wird er als Unkraut bekämpft; die jungen Blätter ergeben aber einen feinen Salat. Verwendet werden die Blätter und die Wurzel. Die Blätter enthalten viel Kalium und wirken harntreibend. Die Wurzel fördert die Leberfunktion und hilft bei Verdauungsbeschwerden (Ebd., 45).

- Brennnessel: Sie sammelt in ihren Blättern Vitamine und Mineralstoffe. Verwendet werden die oberirdischen Teile. Anwendungsgebiet sind Hautreizungen sowie Gicht und Arthritis. Sie gleicht Mangelerscheinungen aus (Ebd.,46).

- Holunder: Verwendet werden die Blüten. Anwendungsgebiet sind Katarrhe, Erkältungen, Grippe und Heuschnupfen. Sie helfen gegen Fieber und Entzündungen (Ebd., 44).

2. Didaktische Analyse

2.1 Begründung der Lernaufgabe

Im Rahmenplan Grundschule –Teilrahmenplan Sachunterricht- des Landes Rheinland-Pfalz, Mai 2006, S. 20, wird der Erfahrungsbereich „Natürliche Phänomene und Gegebenheiten" – Perspektive Natur genannt. In diesem Erfahrungsbereich geht es unter anderem um die Kompetenzerwerbe „Naturphänomene sachorientiert wahrnehmen, beobachten, benennen und beschreiben" sowie „einen respektvollen Umgang mit der Natur anstreben". Darin ist das Thema „Nutzen und Bedeutung von Kräutern" eingebettet, das ich für die 4. Klasse gewählt habe.

2.2 Bedeutsamkeit des Unterrichtsinhalts für die Schülerinnen und Schüler

Das Thema ist vor dem Hintergrund von Klafkis Fragen nach der Gegenwarts-, Zukunfts- und exemplarischen Bedeutung (Klafki, Wolfgang, 1962, 15 ff In Gonschorek, Gernot; Schneider, Susanne, Einführung in die Schulpädagogik und die Unterrichtsplanung, Donauwörth 2005, 287 f) für die Schüler bedeutsam: Es ist für die Kinder schon jetzt von Bedeutung, weil sie sich gerne in der Natur aufhalten. Sie „kochen" gerne im Freien Fantasiegerichte mit den Zutaten der Natur wie Gräser, Blüten und Kräuter. Sie probieren auch gerne alles, was die Natur ihnen zum Essen anbietet, selbst aus und müssen aufgrund ihrer Experimentierfreude vor giftigen Pflanzen gewarnt werden. Außerdem hat schon jedes Kind im alltäglichen Leben Erfahrungen mit einigen Kräutern, z. B. im Essen oder als Arzneimittel gemacht.

Das Thema hat auch eine große Bedeutung für die Zukunft der Schüler. Manche Schüler werden später evtl. einen eigenen Garten haben und Kräuter anpflanzen. Viele werden als Erwachsene selbst kochen und Kräuter dazu verwenden. Durch den verantwortungsvollen Umgang mit Kräutern werden sie als Erwachsene in der Lage sein, bei einer Erkrankung zunächst auf Kräuter als Heilpflanzen statt auf Medikamente zurückzugreifen oder jene medikamentenbegleitend anzuwenden.

Die Bedeutung und der Nutzen von Kräutern steht exemplarisch für den Nutzen von Pflanzen im allgemeinen wie z.B. auch von Obstbäumen und Getreidearten und verdeutlicht die Abhängigkeit des Menschen von der Natur.

2.3 Didaktische Reduktion

Den Stoff grenze ich quantitativ ein, indem ich mich in dieser Unterrichtsstunde auf 6 Kräuter – Petersilie, Zitronenmelisse, Lavendel, Kamille, Löwenzahn und Brennnessel - beschränke, damit jener für die Kinder der 4. Klassenstufe überschaubar bleibt.

Qualikativ beschränke ich den Stoff dadurch, dass es in dieser Stunde um die Identifikation der Kräuter geht. Um dem Umstand gerecht zu werden, dass die Kinder sich schon im letzten Jahr der Grundschule befinden, habe ich unter anderem etwas ausgefallenere Kräuter wie die Zitronenmelisse und den Lavendel gewählt.

2.4 Einbettung der Stunde in die Unterrichtseinheit

- 1. Stunde: Nutzen und Bedeutung von Kräutern
- 2. Stunde: Planung und Vorbereitung der Werkstattarbeit
- 3. Stunde – einschließlich 5. Stunde Werkstattarbeit
- 6. Stunde: Erfahrungsaustausch und Präsentationen der hergestellten Produkte
- 7. Stunde: Ergebnissicherung
- 8. Stunde: Ergebnissicherung
- 9. Stunde: Ausblick auf andere nutzbare Pflanzen wie z.B. der Obstbäume und Getreidearten
- 10. Stunde: Weihnachtsbräuche in anderen Ländern

3. Voraussetzungen für den Unterricht

3.1 Voraussetzungen bei den Schülerinnen und Schülern

Die Klasse 4a besteht aus 24 Schülerinnen und Schüler: 15 Mädchen und 9 Jungen. Zwei Schüler haben einen Migrationshintergrund. Ein Mädchen ist türkischer Abstammung und ein Junge russisches Aussiedlerkind. Sie sind beide in Deutschland aufgewachsen, außerdem der deutschen Sprache mächtig. Allerdings kennt das türkische Mädchen manche Begriffe nicht, da im Elternhaus überwiegend türkisch gesprochen wird. Es ist davon auszugehen, dass sie einige Kräuternamen noch nie gehört hat. Meine Aufgabe ist es, die Begriffe sehr oft zu wiederholen.

Ein Junge dieser Klasse hat die dritte Klasse übersprungen, er ist hochbegabt und konnte sich schnell in die Gemeinschaft integrieren. In diesem Fall ist davon auszugehen, dass dieser

Schüler eventuell über Vorkenntnisse verfügt und diese auch seinen Mitschülern vermitteln kann.

Das Zusammengehörigkeitsgefühl der Klasse ist hoch, allerdings mangelt es oft an Konzentration auf Seiten der Schüler, deshalb habe ich den außerschulischen Lernort Schul – Kräutergarten gewählt und hänge in den folgenden Unterrichtseinheiten eine Werkstattarbeit an.

3.2 Äußere Voraussetzungen

Für den stillen Impuls am Anfang der Stunde wird benötigt:

1. ein Topf Petersilie
2. ein Topf Zitronenmelisse
3. ein Topf Lavendel
4. Kamillenblüten in einer Glasschale
5. Handschuhe
6. Schere

Außerdem müssen sechs Zettel vorbereitet werden, auf denen jeweils ein Kraut namentlich vermerkt ist.

4. Lernziele

4.1 Ziel der Unterrichtseinheit

Ziel der Unterrichtseinheit ist es, den Schülern den Nutzen und die Bedeutung von Kräutern zu vermitteln und sie kleine Rezepte zur Linderung von Schmerzen zu lehren.

4.2 Ziel der Unterrichtsstunde

Ziel dieser Unterrichtsstunde ist es, dass die Kinder verschiedene Kräuter wie Petersilie, Zitronenmelisse, Lavendel, Kamille, Brennnesseln und Löwenzahn unterscheiden sowie im Garten suchen und benennen können.

4.3 Feinziele

1. Die Schüler sollen sich durch Mitdenken und Mutmaßen über die vorliegenden Kräuter an dem stillen Impuls beteiligen.
2. Die Schüler sollen gesittet und ruhig den Klassenraum verlassen und sich bei dem Schulgarten versammeln.
3. Die Schüler sollen die Pflanzen, die auf den Zetteln stehen, in Natura im Garten wiederfinden und mit Hilfe der Schere abschneiden und sammeln.
4. Wieder in der Klasse sollen die Schüler die mitgebrachten Kräuter verständlich präsentieren.

5. Methodische Überlegungen

5.1 Einstiegsmöglichkeiten

Folgende Einstiege in die Unterrichtsstunde sind möglich:

a) Die Kinder bilden einen Sitzkreis. In die Mitte werden einige Kräutertöpfe gestellt, die als stiller Impuls dienen. Die Kinder können nach einer Überlegungszeit erzählen, was ihnen zu den Kräutern einfällt.

b) Die Kräutertöpfe werden auf einen Tisch vorne im Klassenraum aufgestellt. Daneben werden Schilder mit Kräuternamen der auf dem Tisch stehenden Kräutertöpfe und Schilder mit anderen Kräuternamen aufgestellt. Die Kinder stellen sich um den Tisch und dürfen die Schilder mit den richtigen Kräuternamen den Kräutertöpfen zuordnen.

c) Möglich ist auch ein Lehrervortrag, in dem die in der Stunde zu behandelnden Kräuter vorgestellt werden. Zusätzlich werden die Kräuter auf vergrößerten Bildern gezeigt, die an die Tafel geklebt werden können.

Als Einstieg wähle ich den stillen Impuls wie ich ihn unter a) beschrieben habe, weil dieser Einstieg –wie auch der Einstieg b)- sehr anschaulich ist und zudem alle Assoziationen der Schüler, die diese mit Kräutern verbinden, offen legt. Auf diese Weise wird das Vorwissen der Schüler zu dem Thema Kräuter sichtbar, an das in den weiteren Unterrichtsstunden angeknüpft werden kann. Zudem ermöglicht der gewählte Einstieg allen Kindern, sich und ihr Wissen entsprechend ihrem Wissensstand einzubringen, weshalb jener auf besondere Weise dazu geeignet ist, das Interesse und die Motivation der Schüler zu wecken.

Der Einstieg b) ist demgegenüber zu sehr auf die Kenntnis über die Namen der Kräuter beschränkt, was insbesondere zu einer Unterforderung der leistungsstärkeren Kinder und des hochbegabten Schülers, der über eine gute Allgemeinbildung verfügt, führen könnte. Der Einstieg c) birgt dieselbe eben genannte Gefahr in sich. Der Lehrervortrag kann den unterschiedlichen Leistungsstärken der Kinder nicht gerecht werden. Außerdem hat der Einstieg a) den Vorzug, dass die Kinder zunächst zum selbst nachdenken und überlegen angeregt werden.

5.2 Artikulation

5.2.1 Einstiegsphase

Nach der Begrüßung fordere ich die Schüler auf, einen Sitzkreis zu bilden. In die Mitte stelle ich jeweils einen Topf mit Petersilie, Zitronenmelisse und Lavendel sowie eine Schale mit Kamillenblüten.

5.2.2 Erste Erarbeitungsphase

Die Kräuter dienen als stiller Impuls. Die Kinder können nach einer kurzen Überlegungszeit erzählen, was ihnen zu den Kräutern einfällt. Möglicherweise können sie die Namen dieser Kräuter oder die Namen anderer Kräuter nennen, kennen Zubereitungsformen wie z.B. den Kamillentee oder den Duft des Lavendel. So kann an die Lebenswelt der Kinder angeknüpft werden, was –wie ich oben beschrieben habe- von großem Vorteil ist. Anschließend benenne ich nochmals die im Kreis befindlichen Kräuter, um allen Kindern, insbesondere aber auch der türkischen Schülerin, die mit einzelnen Begriffen in der deutschen Sprache noch Schwierigkeiten hat, Gelegenheit zu geben, sich die Namen einzuprägen.

5.2.3 Zweite Erarbeitungsphase

Dann stelle ich das genaue Thema der Unterrichtseinheit –der Nutzen und die Bedeutung von Kräutern- vor und erkläre, dass es in dieser Stunde um die Identifikation der Kräuter geht. Der weitere Unterrichtsverlauf wird vorgestellt. Die Kinder werden entsprechend der Reihenfolge im Sitzkreis in 6 Gruppen zu je 4 Kindern eingeteilt. Sie erhalten jeweils ein von mir vorbereitetes Schild mit einem Kräuternamen. Die Gruppe soll das auf dem Schild geschriebene Kraut in dem Kräutergarten der Schule suchen und pflücken. Die Gruppe, die das Schild mit dem Kräuternamen Brennnessel bekommen hat, erhält ein Paar Handschuhe.

5.2.4 Unterrichtsgang

Die Klasse sucht den an die Schule angrenzenden Kräutergarten auf. Auf diese Weise schließt sich an die sitzende Phase im Kreis eine Phase der Bewegung an, was dem Bewegungsdrang der Kinder nachkommt. Zudem kommen die Kinder durch den Unterrichtsgang mit der Natur in direkten Kontakt, was zu einem Erleben mit allen Sinnen führt. Dort sollen sich die Schüler mit dem von ihnen gepflückten Kraut beschäftigen. Sie dürfen an dem Kraut riechen und sollen überlegen, was ihnen besonderes an dem Kraut auffällt, ob und auf welche Weise sie mit dem Kraut evtl. schon Erfahrungen gemacht haben. Dadurch soll das gemeinsame Erleben der Schüler in der Gruppe gestärkt und die Kommunikation als fächerübergreifende Kompetenz zwischen den Schülern gefestigt werden. Außerdem wird den Schülern mit schon mehr Vorwissen dadurch Gelegenheit gegeben, ihr Wissen an die Mitschüler in ihrer Gruppe weiterzugeben, was zugleich die soziale Komponente stärkt.

5.2.5 Präsentieren

Die Schüler sammeln sich anschließend wieder im Stuhlkreis, der vom Anfang der Stunde noch vorhanden ist. Die Schüler jeder Gruppe dürfen dann ihr Kraut kurz vorstellen und erzählen, ob ihnen etwas besonderes an dem Kraut aufgefallen ist bzw. ob und auf welche Weise sie dieses schon kennen gelernt hatten. Dieser Schritt führt bereits zu einer Festigung des Wissens, weil aufgrund der Überschneidung der Kräuter mit den von mir mitgebrachten Kräutern einiges wiederholt werden wird. Gleichzeitig führt das Präsentieren des eigenen Krauts voraussichtlich zu vertiefenden und umfassenderen Be-und Umschreibungen des Krauts, weil sich die Schüler in ihrer Gruppe austauschen konnten.

5.2.6 Stundenschluss

Am Ende der Stunde gebe ich die Hausaufgaben auf. Dies mache ich noch im Sitzkreis, weil die Kinder dann noch ruhig und gesammelt zusammen sitzen. Hausaufgabe ist, bis zur nächsten Stunde selbst herauszufinden, in welchen Formen (z.B. als Essen, zu Salben oder Tee) Kräuter zubereitet werden können. Die Schüler dürfen den Weg der Suche selbst bestimmen. Als Anregung werde ich die Möglichkeiten aufzeigen, sich bei den Eltern oder

Verwandten zu erkundigen oder mit Hilfe eines Erwachsenen im Internet zu suchen. Damit sollen die Schüler das selbständige Lernen, das für das Lernen in den weiterführenden Schulen und auch für das Lernen außerhalb der Schulen besonders wichtig ist, einüben. Dann wird der Stuhlkreis aufgelöst. Zum Schluss sollen die Schüler ihre Hausaufgabe noch in ihrem Hausaufgabenheft vermerken.

5.3 Sozial- und Aktionsformen

Die Begrüßung und der Stuhlkreis zu Beginn der Stunde finden in der Sozialform des Klassenunterrichts statt. Angeregt vom stillen Impuls entwickelt sich ein Unterrichtsgespräch, das die Kommunikation unter den Schülern fördert und die Beachtung der Kommunikationsregeln erfordert. Daran schließt sich ein Lehrervortrag an, in dem das Thema, das Ziel und der weitere Verlauf der Unterrichtsstunde kurz, klar und deutlich dargestellt werden.

Der Gang zum Kräutergarten ist wiederum Klassenunterricht, an den sich die Gruppenarbeit der Schüler anschließt. Dadurch kommt es zu einem Wechsel der Sozialformen, was die Motivation, die Konzentration und das Interesse der Schüler erhöht. Zurück im Klassenzimmer schließt sich im Stuhlkreis die Präsentation der Kräuter durch die Gruppe in Schülervorträgen an. Die Hausaufgabe gebe ich mittels eines kurzen Lehrervortrags auf.

5.4 Medien

Ein gezielter Einsatz von Medien findet nicht statt. Das Anschauungsmaterial Kräuter wird mir mitgebracht, beziehungsweise befinden sich diese auch im Schulgarten. Zum Abschneiden der Kräuter werden die Schere und die Handschuhe verwendet.

5.5 Mögliche Schwierigkeiten

Der stumme Impuls könnte fehlschlagen, wenn die Kinder die mitgebrachten Kräuter noch nie gesehen haben.

Außerdem könnten sich die Kinder trotz verwendeter Handschuhe an den Brennnesseln verbrennen und nur schwer wieder zu beruhigen sein, weil sich im Garten kein Waschbecken zum kühlen der Verletzung findet. Ich müsste in diesem Fall entweder meine Aufsichtspflicht gegenüber der Klasse verletzen oder verfrüht das Kräutersammeln abbrechen. Um das zu vermeiden, muss die Klasse explizit darauf hingewiesen werden, welche Wirkung das

Anfassen der Brennnessel hat und dass nur derjenige mit der Brennnessel in Berührung kommen soll, der auch wirklich die Handschuhe an hat.

5.6 Unterrichtsprinzipien

Bei dem Thema: Nutzen und Bedeutung von Kräutern treffen verschiedene Unterrichtsprinzipien aufeinander:

- Das Prinzip der Aktualität könnte zutreffen, wenn eines oder mehrere Kinder eine leichte Erkältung haben oder regelmäßige Kopfschmerzen, denn in dieser Unterrichtseinheit erfahren sie, wie man mit Hilfe von Kräutern diese Beschwerden lindert.

- Auch das Prinzip der Selbsttätigkeit kommt zum Einsatz, denn die Kinder werden aktiv gefordert, indem sie verschiedene Kräuter im Schulgarten selbst suchen und abpflücken und diese dann in der Klasse ihren Mitschülern vorstellen.

- Bei dem Prinzip der Anschaulichkeit geht es um die Wahrnehmung des lernenden Kindes. Das Kind sieht in der Klasse die verschiedenen Kräuter und muss diese im weiteren Unterrichtsverlauf im Schulgarten wieder identifizieren. In diesem Unterrichtsfall ist es sinnvoller den Kindern die Kräuter zu zeigen, diese anfassen zu lassen und anschließend selbst suchen zu lassen, als exemplarisch mit Folie zu arbeiten. Der praktische Unterricht macht den Kindern mehr Spaß und fordert das Einprägen. Wenn man die Möglichkeit zur Anschaulichkeit hat, soll man diese auch nutzen.

6. Geplanter Unterrichtsverlauf

Klasse: 4a   Fach: Sachunterricht   Thema: Nutzen und Bedeutung von Kräutern   Datum: 18.12.2006

Zeit	Artikulation	Lehreraktivität	Erwartete Schüleraktivität	Sozial- und Aktionsform	Medien und Arbeitsmittel
0-1. Minute	Einstiegsphase	Begrüßung	Begrüßung	Klassenunterricht	
1.-3. Minuten	Einstiegsphase	Aufforderung an die Schüler einen Stuhlkreis zu bilden; in die Mitte werden kommentarlos die Kräuter gestellt	Schüler bilden einen Stuhlkreis und betrachten die Kräuter	Klassenunterricht	Jeweils ein Topf Petersilie, Zitronen-melisse und Lavendel sowie Kamillenblüten in der Schale
3.-13. Minuten	Erste Erarbeitungsphase	Aufforderung an die Schüler, nach einer kurzen Überlegungszeit zu erzählen, was ihnen zu den Pflanzen einfällt (stiller Impuls)	Schüler äußern sich	Klassenunterricht Unterrichtsgespräch	s.o.
13.-17. Minute	Zweite Erarbeitungsphase	Darstellung des Themas, Lernziels und weiteren Verlaufs der Unterrichtsstunde, Einteilung der Gruppen und Austeilung der Schilder, Schere und Handschuhe	Schüler hören zu	Klassenunterricht Lehrervortrag	Schilder mit Kräuternamen, Schere, ein Paar Handschuhe

17.-32. Minute	Unterrichtsgang	Aufforderung an die Schüler, ruhig in den Kräutergarten zu gehen, das auf dem Schild genannte Kraut zu pflücken und zu überlegen	Schüler suchen und pflücken das Kraut und besprechen sich in der Gruppe	Gruppenarbeit	Kräuter aus dem Garten
32.-40. Minute	Präsentieren der Kräuter	Aufforderung an die einzelnen Gruppen, ihr Kraut mündlich vorzustellen	Schüler tragen vor, was sie in der Gruppe zusammen besprochen hatten	Klassenunterricht Schülervortrag	Kräuter aus dem Garten
40.-45. Minute	Stundenschluss	Aufgabe der Hausaufgabe, Auflösung des Stuhlkreises	Schüler hören zu Schüler tragen die Stühle zurück	Lehrervortrag	

7. Literaturverzeichnis

- Briemle, Gottfried: Farbatlas Kräuter und Gräser in Feld und Wald, Stuttgart 1997, 1. Aufl.

- Gonschorek, Gernot; Schneider, Susanne, Einführung in die Schulpädagogik und die Unterrichtsplanung, Donauwörth 2005

- http://de.wikipedia.org/wiki/Kraut, 14.12.2006, 20.40 Uhr

- Ode, Penelope, Kräuter-Hausapotheke, Rheda-Wiedenbrück 1996, 1. Aufl.

8. Anhang

Benötigtes Material: 6 Zettel mit verschiedenen Kräuternamen

KAMILLE	**LAVENDEL**	**ZITRONENMELISSE**
PETERSILIE	**LÖWENZAHN**	**BRENNNESSEL**

Sitzordnung: Die Schüler bilden zu Beginn der Stunde einen Stuhlkreis innerhalb der u-förmig stehenden Tische. Der Stuhlkreis wird erst am Ende der Stunde aufgelöst.